RÉPONSE

A l'Ouvrage qui a pour titre : Sur les Actions de la Compagnie des Eaux de Paris, par M. le Comte de MIRABEAU, *avec cette Epigraphe :*

> Pauvres gens ! je les plains ; car on a pour les foux
> Plus de pitié que de courroux.
>
> *La Fontaine.*

PAR LES ADMINISTRATEURS de la Compagnie des Eaux de Paris.

A PARIS.
DE L'IMPRIMERIE DE PH.-D. PIERRES, Premier Imprimeur Ordinaire du Roi, &c.

M. DCC. LXXXV.
AVEC APPROBATION ET PERMISSION.

RÉPONSE

A l'Ouvrage qui a pour titre : Sur les Actions de la Compagnie des Eaux de Paris.

En recherchant quel eſt le but du véhément Auteur auquel nous répondons, il ſemblerait que ſon projet eſt d'éclairer la Commiſſion créée par l'Arrêt du Conſeil du 2 Octobre dernier, pour régler les marchés à terme, ſur la valeur qu'on doit donner aux Actions des Eaux de Paris. Le nôtre à nous, ſera d'examiner froidement, s'il eſt reſté fidèle à cet objet, & ſi cette plume brillante entièrement livrée à des Joueurs connus pour avoir un grand intérêt à la baiſſe de ces effets, n'eût pas écrit tout le contraire, engagée dans l'autre parti.

O vous, Pères de famille, pour qui l'Auteur a l'air de s'attendrir ! Vous a t-on fait accroire quelque chose ? A-t-on rien imprimé sur les Actions des Eaux, qui pût en faire monter subitement le prix ? Et ces mêmes Joueurs qui chargent du poids de leurs intérêts un homme aussi rempli de talent que de complaisance, n'ont-ils pas mis tout en usage pour avancer de quelques années le prix où l'on voit ces Actions ? S'ils essaient aujourd'hui d'en provoquer la chute, c'est parce qu'ils ont des engagemens connus d'en livrer beaucoup à bas prix, dans un certain terme fixé. Que si nous assignons un tel but à l'ouvrage d'un homme distingué jusqu'à ce jour, comme éloquent & courageux ; c'est que nous osons croire que de nobles motifs n'auraient jamais permis de décrier, dans un Ecrit public, un Etablissement national, fruit d'un courage infatigable, sanctionné du Gouvernement, & qui, s'il n'est pas encore aussi lucratif aux Actionnaires qu'on peut le démontrer pour la suite, est au moins d'une utilité publique, incontestable & reconnue.

En effet, l'entreprise des Eaux de Paris a un caractère qui la distingue de toutes les autres ſpéculations : elle eſt établie ſur un objet de conſommation indiſpenſable, & des ſiècles ne verront pas l'époque où ſes produits ceſſeront de s'accroître.

Auſſi ceux qui ont ſpéculé ſur ces principes, ont-ils pu porter les Actions des Eaux à toute la valeur où on les a vues, ſans qu'on dût les accuſer de folie, comme le fait M. de Mirabeau ; & ſi l'on oſait ſe permettre avec lui d'adapter une épigraphe badine à une queſtion auſſi ſérieuſe, n'appliquerait-on pas bien à lui, à ſes amis, ces autres vers de La Fontaine ?

Maître Renard, peut-être on vous croirait;
Mais, par malheur, vous n'avez point de queue.

Ici la *Queue* dont il s'agit, c'eſt quelques cent Actions des Eaux. Voyez comment l'Ecrivain fonde ſon généreux mépris pour elles, ſes conſeils de n'en point acheter, ſur la feinte perſuaſion qu'on veut engager de malheureux Peres de familles à ſe charger d'Actions à trois mille ſix cent livres, ſans ſe rappeller que beaucoup de Capitaliſtes, obligés par état d'en ſavoir au moins plus que lui, en ont acquis un grand nombre à ce prix, & ne ſont point du tout curieux de s'en défaire. Ce souvenir n'eut-il pas dû le mettre en garde contre les calculs de ses Joueurs, sur lesquels nous allons prendre à notre tour la licence d'argumenter ?

Où sont, dit-il, *les Comptes*, *les Devis*, *dressés par des Experts instruits*, *par des hommes désintéressés ? . . . On a des apperçus ; je les ai en horreur*. Nous qui n'avons pas autant que lui la grande horreur des *apperçus*, nous répondons qu'il n'y a point d'entreprise qui n'ait été fondée sur des *apperçus*. Encore faut-il offrir un Tableau des travaux qu'on projette, & des fruits qu'on espère, pour obtenir les fonds qu'on a dessein d'y employer. Qu'ainsi les *apperçus* ne sont *ni la logique des sots*, ni *l'oreiller de la paresse*, ni *le germe de la présomption*, ni tant de phrases vagues & sonores, dont le sens indécis s'applique à tout, & ne définit rien : mais que nos *apperçus* sont, ce que l'Auteur appelle en d'autres termes, *des Comptes & des Devis*, qu'on lui eût fait voir comme à nous, s'il était, comme nous, intéressé dans cette affaire.

Nous convenons, sans peine & sans détour, que les dépenses de l'entreprise se sont élevées au-delà des premiers Devis. MM. Perrier, d'accord avec la Compagnie ; & par des motifs dont ils ont rendu compte, ont cru devoir augmenter la proportion de leurs machines ; & s'ils n'ont pu prévoir d'avance le prix qu'on exigerait du terrein ; la dépense des épuisemens, toujours exceptée des devis & marchés de constructions, enfin le prix des fers en Angleterre à l'époque de la guerre, & celui du fret de ces fers ; doit-on leur reprocher durement cette augmentation dans la mise, comme le fruit de *leur inexpérience*, de *leurs mécomptes*, de *leurs fautes*, & de *leurs tâtonnemens ?*

D'ailleurs il n'est pas vrai que la Compagnie ait dépensé quatre millions & demi : encore faut-il soustraire des sommes employées par elle à construire, la valeur de trois cent Actions, qui a payé aux Actionnaires les intérêts de leurs avances, jusqu'au 31 Décembre 1783.

MM. Perrier ont pris l'engagement d'élever une quantité d'Eau donnée, avec des machines à feu, qui ne consommeraient qu'une telle quantité de charbon : ils ont tenu rigoureusement parole sur ces deux objets capitaux, qui font la base de la spéculation.

Et si la Compagnie a jugé le succès du

premier établissement assez démontré, pour qu'elle se décidât à entreprendre ceux de l'autre bord de la rivière : comme elle a formé elle-même les loix de son entreprise; qu'elle en est législatrice, & propriétaire; quel Auteur de brochure pourrait lui contester le droit, en assemblée générale, de changer, ou de modifier ces loix, selon l'exigence des cas, & comme elle le juge à propos?

Quittons la trace de l'Auteur, laissons-le s'égarer seul, & perdre de vue son objet. Car ce n'est plus sans doute aux Commissaires du Roi, qu'il destine en forme d'instruction, (*pag.* 6, 7, 8, 9 & 10) ses diatribes contre *l'erreur*, *l'intrigue*, & *la charlatanerie qui*, dit-il, *ont succédé à la première opinion que les gens sages*, & *les bons citoyens*, *avaient conçue de l'affaire des Eaux*: Et ses reproches d'agiotage à MM. Perrier, qu'il n'a l'air d'excuser, que pour les montrer plus coupables : Et les reproches plus sévères qu'il adresse à la Compagnie pour avoir modifié dans une assemblée générale ce qu'elle avait réglé dans une autre : Et sa mercuriale un peu leste aux Administrateurs des Invalides & de l'Ecole Militaire, qui se prêtent, dit-il, aux vues intéreſſées d'une Compagnie d'agioteurs, pour lui payer trop cher *la même Eau, qu'elles obtiennent preſque ſans dépenſe chez elles :* Et ſon calcul fautif ſur la cherté des abonnemens, la conſommation des charbons : Et ce doute odieux jetté ſur la bonté des Eaux par les machines à feu : Et ce ſoin obligeant de prémunir la Ville contre les traités inſidieux que peut lui propoſer la Compagnie des Eaux ; tout cela s'adreſſe-t-il aux Commiſſaires du Roi ? Comment des marchés trop avantageux pour la Compagnie, l'inſalubrité de ſes Eaux, le ſurhauſſement de la vente, ſeraient-ils des conſidérations à préſenter aux Commiſſaires, pour obtenir la réſiliation des engagemens relatifs aux Actions des Eaux, ou pour en opérer la baiſſe ? En ſuppoſant ces reproches fondés, ils ſeraient autant de motifs pour en ſoutenir le haut prix. On ſait bien que les gens adroits qui livrent de mauvaiſe marchandiſe, avec le privilége de la vendre cher au Public, ne font que des bonnes affaires. En pareil cas, ce qui détruit l'eſtime, augmente la ſécurité : les Uſuriers font rarement banqueroute. On peut donc ſuppoſer, ſans offenſer l'Auteur, qu'indépendamment du projet de faire tomber le prix des Actions, pour servir ses amis les Joueurs, d'autres motifs de haine contre cette entreprise, ont dicté la plupart de ses observations.

Mais laissons-là *les apperçus*, tant ceux de l'Auteur, que les nôtres. Donnons les calculs positifs de nos travaux & de nos espérances.

La Compagnie des Eaux, qui ne force personne à s'abonner chez elle, a déja posé quatre mille huit cent soixante toises de conduites principales en fer, & douze-mille toises de conduites en bois ; elle a fondé soixante-dix-huit bouches d'Eau pour laver les rues, quinze tuyaux de secours gratuits pour les incendies, & six fontaines de distribution : tel est son véritable état relativement au Public.

L'Eau coûte à celui qui s'abonne pour un muid d'Eau par jour, cinquante francs une fois payés, pour indemniser la Compagnie de la pose du tuyau qui passe devant la maison du Preneur ; plus cinquante francs par an, pour la valeur de l'Eau. Il convient d'ajouter sans doute au prix de l'abonnement, l'intérêt des cinquante livres de la pose ; & comme la Compagnie se fait payer l'année d'abonnement d'avance, il faut encore porter l'intérêt des cinquante francs annuels pendant six mois, ce qui compose en tout cinquante trois livres quinze sols par muid. A l'égard de la dépense des réservoirs, & des tuyaux de distribution dans l'intérieur des maisons, elle varie suivant le local & la volonté des particuliers : plusieurs des abonnés n'ont dépensé que trente francs : ils ont pris un tonneau pour réservoir & l'ont placé près de la rue pour épargner la longueur du tuyau de plomb qui conduit l'Eau chez eux.

Lorsque la Compagnie reçoit un abonnement d'un muid, indépendamment des cinquante francs quelle touche pour la pose des tuyaux de bois, elle partage au bout de l'année, en défalquant les frais annuels, un dividende de cinquante-trois livres quinze sols; elle acquiert donc cinquante trois livres quinze sols de rente, qui représentent mille soixante quinze livres dans son actif. Le produit d'une année s'ajoute à celui de la précédente, ainsi des autres pour la suite. Voilà le fonds de l'entreprise.

Mais quand toutes les maisons de Paris seront fournies d'Eau nécessaire; est-il déraiſonnable de penſer que, de nouveaux beſoins croiſſans avec la facilité de les ſatisfaire, avec le tems, avec le bon marché, l'uſage des bains deviendra plus fréquent; qu'on multipliera les lavages; que les Boulangers ſe laſſeront de faire le pain à l'Eau de puits, preſque toujours empoiſonnée par l'infiltration des latrines; qu'on ſentira la différence extrême d'abreuver ſes chevaux d'Eau de rivière, à ces Eaux crues, ſéléniteuſes, qui les accablent de coliques & les font périr preſque tous? Enfin que l'Eau deviendra pour les gens riches un objet d'aiſance, de luxe & de plaiſir, comme l'étendue des logemens, le chauſage, les voitures; & que les particuliers, qui d'abord ont ſouſcrit pour une quantité d'Eau bien ſtricte, en voudront bientôt davantage?

Lorſque, dans le ſiècle dernier, une Compagnie excluſive s'établit pour couler des glaces; chacun avait un petit miroir bien chétif & bien cher, dont alors on ſe contentait. L'entrepriſe fut critiquée: en acquérant, dans l'origine, ſes actions au prix de mille écus, prévoyait-on qu'un jour on les vendrait cinq cens mille livres? C'eſt leur valeur, après cent ans. Et quoiqu'une glace ne ſoit pas un objet de néceſſité première ; la facilité d'en avoir, l'accoutumance, le bas prix en ont multiplié l'uſage à tel point, que les deſcendants du *Pauvre fou* qui prit alors dans cette affaire une action de trois mille francs, ont aujourd'hui, pour cette action, vingt mille livres de rente effectives.

Au commencement de ce ſiècle, on crut qu'il ſerait agréable de ſe picoter le nez avec une poudre ammoniacale plus inutile que des glaces, moins néceſſaire que de l'Eau. D'abord on rit de la pouſſière : ſon premier afſermage excluſif ne rendit que cinq cens mille livres ; il rapporte vingt-huit millions. De nous il en ſera de même, & dans trente ans chacun rira des critiques de ce tems-ci, comme on rit aujourd'hui des critiques de ce temslà. Quand elles étaient bien amères, on les nommait des *Philippiques.* Peut-être un jour quelque mauvais plaiſant coëffera-t-il celles-ci du joli nom *de Mirabelles*, venant du Comte de Mirabeau, *qui mirabilia fecit.*

En demandant pardon de cette digreſſion légère, nous revenons aux actions des Eaux, & nous allons établir leurs produits, contre les principes de l'Auteur.

Cet Auteur n'approuve point que la Compagnie donne de l'Eau de Seine aux Invalides, & à l'Ecole Militaire, en ce que ces maisons ont de l'Eau que fournit un puits, au moyen d'une machine à chevaux, plus quelques voitures à tonneaux qui vont chercher l'Eau de rivière pour le service des cuisines. Mais l'Auteur ne sçait pas que l'Administration des Invalides, dépense annuellement pour ce service ingrat, la somme de dix mille cinquante-cinq livres quatorze sols, neuf deniers, sans comprendre les frais de l'entretien de sa machine. La Compagnie des Eaux a cru se faire honneur, en offrant aux hommes respectables qui administrent cet hôtel, toute la quantité d'Eau de rivière dont ils ont besoin, à un prix même au-dessous de ce que leur coûte l'Eau de puits.

C'est la même Eau, dit-il (note de la pag. 9.) Pardonnez-nous, Monsieur, *ce n'est point la même Eau.*

L'Eau de la Seine, que la machine à feu n'altère point en l'élevant, est légère, dissout le savon & cuit les légumes, ce que les Eaux d'aucun puits de Paris ni des environs, ne peuvent faire ; & cette considération, qui intéresse la santé des hommes, était seule assez forte pour déterminer de sages Administrateurs à préférer l'Eau de la Compagnie, indépendamment de l'économie qu'ils y trouvent.

Mais *on a dit* à cet Auteur, que l'aspiration de nos pompes, fesait remonter contre le courant, les Eaux dégorgées par le grand égout. Quoique ce ne soit qu'un oui dire, on voit qu'il pèse avec plaisir sur cette objection ridicule, & la prolonge complaisamment dans une note d'une page. Mais quand il ne se permettrait pas de rapprocher de plus de cinquante toises le dégorgement de l'égout, qui se fait à cent une toises au-dessous de notre acqueduc; l'allégation d'un tel mêlange, n'en serait pas moins une absurdité palpable, qu'on rougirait de relever. Au surplus la Société Royale de Médecine a fait l'analyse comparative des Eaux, prises au milieu de la Seine, dans le bassin où puisent les machines, dans les réservoirs sur le haut de Chaillot, aux fontaines de distribution, & dans les réservoirs particuliers. Ce rapport imprimé peut être consulté, si l'on a quelques doutes sur la salubrité des Eaux que fournit la Compagnie: on va le mettre à la suite de cette réponse, pour la commodité du Public.

Nous remarquerons en paſſant, que M. de Mirabeau n'avait aucun beſoin d'attaquer la qualité de l'Eau des machines à feu, pour critiquer une ſpéculation de finance; & c'eſt une légèreté d'autant plus répréhenſible, que ſi le ton tranchant de l'Auteur en impoſait aſſez au Public pour faire prendre confiance en ſa brochure; il pourrait inquiéter ſur l'uſage d'un Elément de première néceſſité, dont partie de Paris fait déja ſa boiſſon.

Paſſons à des objections moins frivoles, aux alarmes que feint l'Auteur, de voir l'Adminiſtration de la Ville obligée de traiter avec la Compagnie des Eaux, pour remplir ſes engagemens.

La Ville ne peut être contrainte de traiter avec la Compagnie des Eaux; mais elle peut tirer un très-grand parti, pour ſon adminiſtration & pour le ſervice du Public, de l'établiſſement des machines à feu. Ce moyen, quoi qu'en diſe l'Auteur, eſt le plus sûr & le plus étendu de tous. Elles s'établiſſent partout, ſe multiplient à volonté. Le ſeul établiſſement de la Ville qui puiſſe être nommé, eſt la Pompe de *Notre-Dame*. En les comparant l'une à l'autre, il eſt prouvé que la machine à feu de proportion à donner une quantité d'Eau égale au produit de cette Pompe, ne coûterait pas plus de chauffage & d'entretien que la seule réparation annuelle de cette ancienne machine; que l'établissement en serait beaucoup moins dispendieux; qu'elle aurait sur-tout l'avantage de ne point gêner la navigation, & de donner un produit d'Eau constant. On sait que la Pompe *Notre-Dame* cesse son mouvement dans les Eaux basses & dans les gelées, & que la machine à feu de Chaillot n'a pas interrompu son service depuis son établissement, quoiqu'on ait vu des froids très-rigoureux, ou la Seine presque tarie.

A peine cette Pompe de la Ville élève-t-elle soixante pouces d'Eau, quand nos machines à feu en donnent quinze cens: & toutes les injures de l'Auteur ne peuvent empêcher de voir que la Ville & ses Cessionnaires, feraient une affaire excellente en s'arrangeant avec la Compagnie, pour qu'elle remplît tous ces engagemens. Sans que personne mérite aucun reproche, uniquement par le peu d'effet de la Pompe, & la chétiveté de son produit; au lieu de Fontaines publiques répandant l'Eau & raffraîchissant l'air; on n'en trouve par-tout que le ſimulacre immobile ; des maſcarons bien altérés, bouche béante & qui ne verſent rien. Loin d'offrir l'Eau qu'on attend d'eux, leur vue deſſeche le goſier. Rien ne rappelle mieux ce que raconte Madame d'Aunoy, du Roi d'Eſpagne Charles II, lequel voulant ſe promener avec la Reine ſur le fleuve Mançanarez, à Madrid, près du fameux pont de Tolède, feſait arroſer la rivière, de peur que ſes mules de trait n'euſſent, dit-elle, le pied brûlé. De même ici l'on eſt tenté d'arroſer le ſocle des Fontaines. Mais, qu'on donne à la Compagnie des Eaux, ce devoir public à remplir, l'immenſité de ſes machines & leur produit intariſſable ameneront des torrens d'Eau ; & les Français un jour ſe vanteront d'avoir vu couler leurs Fontaines.

L'Eau devenant ainſi très-abondante, aucun ſervice ne manquera plus. Les particuliers gagneront l'entretien très-coûteux des tuyaux qui ſont à leur charge, ainſi que la première dépenſe de tant de plomb qui forme le trajet de la Fontaine publique à leurs maiſons. La Ville ſera débarraſſée des réclamations éternelles de ceux qui payent ſon Eau, ſans en avoir ; & la Compagnie aura peu de dépenſes

à

à faire, puisque, dans la distribution générale, ses tuyaux passent devant toutes ces maisons.

Mais ce serait des maisons de plus à fournir, & l'Auteur, qui nous accuse déja (page 11), de dissimuler dans nos comptes *le nombre prodigieux des maisons de Paris, impossibles à servir*, trouverait dans cette fourniture un moyen d'aggraver son reproche.

Loin de le dissimuler; *le nombre prodigieux des maisons de Paris* est précisément ce qui a donné lieu à l'établissement des Eaux. Quelle difficulté trouverait-on à les servir, quand les conduites sont posées? Point de maison qui n'ait une cuisine, & point de cuisine où il n'y ait la place d'une fontaine: comme il ne faut, pour un abonnement d'un muid, qu'un réservoir de deux pieds carrés, sur quatre de hauteur, contenant seize pieds cubes; ce petit emplacement peut se trouver par-tout. On ne connaît que quelques maisons de la rue S. Honoré & autres rues marchandes, où les cuisines, situées dans les étages élevés, permettraient difficilement d'y conduire l'eau. Mais la Compagnie n'a jamais compté que ces maisons, ni même les gens du peuple, prendraient des abonnemens: que lui importait qu'ils en prissent ? N'a-t-elle pas destiné pour eux ses Fontaines publiques ? Pour ne pas s'abonner, consomment-ils moins d'Eau ? Les Porteurs-d'eau la leur fournissent, & ces derniers la payent aux Fontaines, ce qui revient au même pour la Compagnie.

Qu'était-il besoin d'objecter qu'il faut beaucoup de tuyaux pour conduire l'Eau dans toutes les rues de Paris ? Cela n'est-il pas démontré ? On fera voir plus loin, si l'on doit considérer cette dépense *comme des frais en pure perte.* Il faut sans doute aussi beaucoup de surveillance & d'ordre dans une entreprise comme celle de désaltérer tout Paris ; mais quelques soient les Eaux qu'on y conduise, ne faut-il pas cette surveillance, cet ordre, cette quantité de tuyaux, & par conséquent cette dépense ? Tout cela peut-il *effrayer la tête d'un calculateur ?* C'est changer les moyens en obstacles, que de faire entrer l'ordre & la surveillance dans les objections à former contre le succès d'une affaire.

Cependant l'Ennemi *des apperçus, qui sont la logique des sots*, se hazarde d'en glisser un terrible, en faveur des Joueurs à la baisse. Il suppose (par *apperçu*) que, sur trente mille maisons, dont Paris, dit-il, est composé, vingt mille maisons prendront chacune *un seul muid d'Eau par jour*; & qu'au moyen de cette fourniture, Paris se trouvera suffisamment baigné, désaltéré, lavé, &c. &c. mais que la Compagnie sera ruinée. Pour étayer cette assertion, prodiguant le combustible autant qu'il économise l'Eau, il fait généreusement dépenser (page 15), à la Compagnie, pour l'entretien d'un feu perpétuel à ses trois établissemens à Machines, plus de cinquante mille écus en charbon par année, pour ces vingt mille muids d'Eau par jour. Le relevé de cette erreur, disposera l'esprit de nos lecteurs, à l'attention que nous leur demandons pour toutes les réfutations qui vont suivre.

Il est prouvé qu'une seule des Machines de Chaillot, élève à cent dix pieds, près de soixante mille muids en vingt-quatre heures, & qu'à peine elle dépenserait par an cinquante quatre mille francs en charbon, si elle travaillait sans cesse. Donc, à vingt mille muids par journée, elle abreuverait seule Paris, en travaillant de trois jours l'un. Donc elle ne consommerait alors que le tiers du charbon ci-dessus, ou pour moins de vingt mille francs par an. Donc, si l'apperçu des vingt mille muids d'Eau était juste, celui des cent cinquante mille francs de charbon serait faux. Donc, la contradiction est par-tout manifeste. Donc enfin, sur le seul agent de nos Pompes, & d'après les calculs de M. le Comte de Mirabeau, la Compagnie gagne déja cent trente-six mille livres de rente.

Posons maintenant le cas très-probable, où, forcés par l'étendue de nos fournitures, de faire travailler sans cesse nos trois établissemens à la fois, nous brûlerions dans une année pour cent cinquante mille francs de charbon. Alors, au lieu de vingt mille muids par jour, nous en éléverions plus de cent cinquante mille, lesquels à cinquante francs le muid, nous donneraient un revenu de sept millions cinq cens mille livres. Car un des biens de cette affaire, est de n'user de combustible, qu'en proportion de l'Eau vendue; & nous, Administrateurs *Jongleurs* (ainsi que l'Ecrivain nous nomme) avons fort bien prouvé aux Actionnaires, que le fourneau le plus dispendieux dépense à peine en combustible, vingt-trois sols quatre deniers pour élever la quantité d'Eau que l'on nous paie cinquante francs.

Suivant par-tout le même procédé, nous rendrons à la Compagnie les autres revenus que le dur Auteur lui retranche, & qui sont si justement dûs à ses travaux & à son courage. Nous prions ici nos Lecteurs de renouveller d'attention.

Par un relevé très-exact du nombre des maisons actuellement abonnées avec la Compagnie, & de la quantité des muids d'Eau qu'elles prennent entre elles, (ceci n'est point *un apperçu*), nous trouvons que CHAQUE MAISON, mesure commune, A DÉJA PRIS pour sa consommation, TROIS MUIDS ET DEMI D'EAU PAR JOUR. On ne comprend point, dans ce calcul, plus de QUARANTE MILLE VOIES D'EAU distribuées CHAQUE JOUR aux Fontaines de la Compagnie, ce qu'elle fournit aux places des fiacres, l'Eau consacrée aux arrosages, celle des bouches destinées aux lavages des rues, &c. &c.

Observons en passant, que le produit de cinq Fontaines, à quarante mille voies par jour, est déja bien loin du calcul insidieux des *quatre-vingt sept Fontaines* de l'Auteur (page 25), *nécessaires*, dit-il, *pour distribuer deux cent cinquante mille voies par jour*. Si cinq Fontaines livrent déja plus de quarante mille voies par jour ; vingt-une suffiront pour deux cent cinquante mille ; & leur dépense, comme leur nombre, exagérée à deux millions six cens mille livres, se trouvera réduite à moins de cinq cens mille francs. Tous les calculs dans cet écrit, sont de cette justesse admirable.

Supposant donc avec l'Auteur, que vingt mille maisons prissent de l'Eau, ce qui s'écarte peu des probabilités : à trois muids & demi par maison, ou soixante-dix mille muids par jour, cela ferait à la Compagnie un revenu de TROIS MILLIONS CINQ CENT MILLE LIVRES. Cette évaluation n'est pas forcée ; le relevé de tous nos abonnemens vient d'en donner la preuve sans replique. D'ailleurs, on sait que les maisons de Londres, quoiqu'infiniment plus petites, en usent beaucoup davantage ; on y lave, il est vrai, les maisons : mais, qui peut assurer qu'on ne les lavera pas à Paris, lorsqu'on y aura l'Eau abondamment & à bas prix? Donc, TROIS MILLIONS CINQ CENT MILLE LIVRES DE RENTE. Et s'il est juste de confondre dans ce produit annuel, celui des Fontaines publiques, qui, dans ce cas, en fait partie, on doit en outre y ajouter celui des arrosages, des bouches d'Eau pour le nétoiement des rues & des égouts: cependant nous les élaguons, vu la modicité des profits que la Compagnie se propose, en remplissant ces objets d'utilité publique; donc, TROIS MILLIONS CINQ CENT MILLE LIVRES DE RENTE.

En comprenant le bénéfice *qu'un tour de force peu digne d'éloge*, vient d'ajouter au prix de nos Actions déposées au Trésor de Sa Majesté; les fonds faits par la Compagnie, montent à six millions six cent quatre-vingt mille livres, sur lesquels un million est déja destiné à faire l'avance des frais des conduites de bois: & l'on ne doit pas omettre ici la *jonglerie* d'un Administrateur, qui a porté, dans l'Assemblée dernière, ces Actions déposées, au prix de trois mille six cens trente livres, en offrant de les prendre toutes. On sent bien qu'un tel procédé n'a pu manquer de mettre en fureur les malheureux Joueurs à la baisse; sur-tout quand ils ont vu (*pour cette jonglerie*) la Compagnie décerner à M. de Sainte-James son Auteur, l'honneur de voir porter son nom à l'une des Fontaines du peuple, que nous poserons dans les Halles.

Suivons en un seul point les données de l'Auteur, qui s'accordent à peu près avec celles de la Compagnie ; nous comptons avec lui *cent mille six cent toises de rues à garnir ;* mais trois mille toises au plus, dans quelques rues très larges, exigeront qu'on pose des tuyaux en doubles lignes ; & nous demandons pardon à l'Auteur, si, l'abandonnant quelquefois dans ses calculs exagérés, nous n'augmentons la ligne simple de nos tuyaux, que de trois mille & non de *cent mille toises*, comme il lui plaît de les porter, lui l'ennemi des *apperçus !* ce qui nous fait en tout, cent trois mille six cent toises de tuyaux à 30 liv. . . . . . 3,108,000 l.

Ajoutons quarante mille toises d'embranchement de plomb, en prenant le diamètre moyen de ces tuyaux à dix lignes, à raison de neuf liv. quinze sols la toise & vingt mille ajoutoirs. . 550,000

En tout 3,658,000

Déduisant sur cette dépense les fonds déja faits & destinés à cette partie 1,000,000

Il reste à trouver 2,658,000

Ajoutez à ceci les fonds faits par la Compagnie. 6,680,000

Total des fonds nécessaires. . . 9,338,000

Sans les motifs cruels qui ont dirigé la plume de l'Auteur, lequel a pourtant ſous les yeux nos *Proſpectus*, il aurait vu que la Compagnie reçoit par chaque muid d'abonnement, outre le prix annuel de l'Eau, comme nous l'avons dit plus haut, une ſomme de cinquante liv. une fois payée, qui l'indemniſe en partie des frais de la poſe des tuyaux de bois qui paſſent devant la maiſon des abonnés. Soixante-dix mille muids à cinquante l. font trois millions cinq cent mille l. Ainſi la dépenſe des tuyaux de bois eſt preſque entierement couverte, & les fonds à faire par la Compagnie, ſe trouveront réduits par ce rembourſement ſucceſſif à. . . 5,838,000 l.

Donc, les ſix millions ſix cent quatre-vingt mille livres faits par la Compagnie ſuffiront & fort au-delà.

On a vu plus haut que les revenus de la Compagnie feront un jour de. . . . . 3,500,000 l.

Sur leſquels à déduire les frais de régie évalués dans le cas d'un ſuccès complet à 62,700

La conſommation

De l'autre part . . .	62,700 l.
des charbons pour les trois machines à feu, quatre-vingt-dix mille muids à cause des pertes & coulages......	105,120
L'entretien & les réparations dans lesquels il faut comprendre le renouvellement des tuyaux de bois estimé à cinq pour cent de la dépense.	182,900
On observe que cette dépense n'a pas monté à deux pour cent jusqu'à présent, y compris l'*inexpérience*, *les fautes & les mécomptes* de MM. Perrier.	
Nous porterons encore pour l'entretien des bâtimens, des conduites de fer, &c. un pour cent du prix de leur construction,	
	350,720 l.

Ci-contre . . . . 350,720 l.
cette dépenſe eſt forcée. 58,380

A déduire donc . . . 409,100

Reſte net en revenu 3,090,900

A partager à quatre mille quatre cent quarante-quatre Actions, à cauſe de celles dues à MM. Perrier ; cela fait pour chacune ſix cens quatre-vingt-quinze liv. huit ſols ſept deniers. Ce dividende porte la valeur de l'Action à treize mille neuf cens huit liv. onze ſols huit den. & l'on ne peut trop répéter qu'on ne fait pas entrer ici les établiſſemens de toute eſpèce qui peuvent ſe former par la facilité de ſe procurer de l'Eau, comme les Bains, les Lavoirs, les Arroſages, &c.

Il n'eſt pas étonnant que le nombre des abonnemens ne ſoit pas bien conſidérable. Toutes les choſes nouvelles, les modes exceptées, prennent difficilement en France : il ſemble même que les entrepriſes qui ont pour but l'utilité publique, aient une marche moins rapide ; mais elle eſt en même-tems & plus ſolide & plus conſtante. On a remarqué que la premiere année de l'établiſſement des conduites, il a été très-difficile de ſe procurer des abonnemens : les premieres maiſons abonnées n'avaient la plupart ſouſcrit que pour un an ; mais, malgré toutes les critiques que des gens auſſi bien intentionnés que l'Auteur de la brochure, ſe ſont permis de répandre ſur la qualité de nos Eaux ; toutes ces maiſons, ſans exception, ont continué leur engagement, & même ont demandé des augmentations d'Eau. Actuellement que le Public a ſous les yeux beaucoup d'exemples qui donnent la certitude d'un ſervice exact, les Souſcripteurs viennent en foule.

La Compagnie n'eſt donc plus dans le cas de haſarder aucune dépenſe, dans l'eſpoir incertain d'un produit : au contraire, elle a décidé l'an paſſé, qu'il ne ferait poſé de conduite dans aucune rue, qu'elle ne fût aſſurée d'avance d'un revenu de vingt pour cent au moins, des frais de la conduite : cette marche depuis s'exécute à la rigueur.

Non qu'elle ait cru, comme nous l'avons dit, que les petits ménages s'abonneraient (Voyez les Lettres-Patentes accordées à MM. Perrier) au contraire, conſidérant, que bien des pauvres gens ne peuvent & ne doivent pas payer la petite quantité d'Eau qu'ils conſomment; elle a ordonné à ſes Fontainiers, que toute perſonne qui ſe préſenterait pour boire ou pour en emporter, ne la payât point : en effet, ne vendant, à la plupart de ſes Dépôts, que trois deniers la voie d'Eau compoſée de deux ſeaux; quelle monnaie exigerait-elle, qui repréſentât moins d'Eau qu'elle n'en donne pour un liard ?

Nous convenons que les calculs ſur la quantité d'Eau que doit conſommer chaque habitant de Paris, ſont ſujets à beaucoup d'erreurs : mais il n'en eſt pas moins certain que les conſommations de tout genre augmentent en proportion que les denrées abondent, & ſont à bon marché. Il ſe conſomme moins de ſel dans les pays de Gabelle que dans les provinces franches. Avant les établiſſemens de la Compagnie, l'eau valait dans les ſéchereſſes & les glaces, juſqu'à dix ſols la voie, dans beaucoup de fauxbourgs : il eſt ſûr que dans ces momens l'indigent l'économiſait : ſouvent le peu qu'il en avait ſe corrompait en la gardant l'été; de-là les fièvres, les maladies. Grace à la Compagnie des Eaux, c'eſt un mal qui n'arrivera plus : tous auront de l'Eau abondante, bien ſaine, au plus bas prix poſſible; & notre ſeul *charlataniſme* pour attirer grands & petits, au piége de nos fournitures, fera de prouver aux gens riches, que nous donnons pour cinquante francs la même quantité d Eau qu'ils payaient plus de cent écus: aux pauvres, que nous vendons un liard ce qui coûtait deux & trois fols. Et c'eſt ainſi que, prenant chacun par ſon propre intérêt, nous forcerons la main à tout le monde.

Et ſi quelque Ecrivain paſſionné vient nous reprocher avec aigreur, que nous ſommes de mauvais citoyens, qui, par des gains peu délicats, coupons la bourſe aux Joueurs à la baiſſe, & la bretelle aux Porteurs-d'eau; nous rirons du premier reproche, & nous répondrons au ſecond: que, loin de nuire aux Porteurs-d'eau, l'établiſſement de nos Fontaines rapprochées des divers quartiers, aſſurera la ſubſiſtance d'un grand nombre de ces Porteurs, bien plus marchands de temps, qu'ils ne ſont vendeurs d'Eau, en leur offrant un puiſement aiſé, toujours voiſin de leur ſervice, & ſur-tout exempt du danger qui les menace à la rivière.

Que ſi l'augmentation de nos abonnemens en diminue le nombre par la ſuite; nous lui dirons qu'il n'eſt pas encore bien prouvé que vingt-cinq mille hommes vigoureux, ſoient plus utiles avec deux seaux, qu'ils ne le seraient au labour : nous lui dirons qu'il y avait dans le Royaume quarante-cinq mille tricoteuses, quand un mauvais citoyen, comme nous, fit les premiers bas au métier ; qu'on ne peut former rien de grand, ni d'avantageux au Public, sans choquer un moment quelqu'intérêt particulier. Enfin nous lui dirons.... mais plutôt nous ne dirons rien ; car il n'y a pas d'apparence que nous ayons deux fois à disputer sur une semblable matière.

On ne contestera pas les détails que M. de Mirabeau donne sur les établissemens de Londres ; on ne les connaît pas assez.

Mais, s'il fallait juger de ces *apperçus* étrangers, par la fidélité de ceux que l'Auteur avait sous les yeux, & qu'il a négligés ; on serait peu tenté d'examiner ceux-ci. Cependant on peut observer :

1°, Que la Compagnie Anglaise *de la nouvelle rivière* fait des bénéfices considérables, parce qu'ayant acheté les intérêts de Midleton, à bas prix, ce canal ne lui coûte pas plus que l'établissement de Machines à feu, qui fourniraient la même quantité d'Eau. Nous donnerons la preuve de cette vérité par un calcul comparatif du Projet de M. de Parcieux, avec celui des Machines à feu.

2°, On a vu, par ce que nous avons dit, qu'il n'eſt pas néceſſaire que la Compagnie de Paris ait acheté à perte ſes Actions des Eaux, pour faire les mêmes bénéfices que celle Anglaiſe, *de la nouvelle rivière*.

3°, Que les frais ne peuvent pas être moins conſidérables à Londres qu'à Paris ; on ne ſait pas du moins ſur quels fondemens l'Auteur pourrait en appuyer la différence, ſi ce n'eſt ſur les tuyaux de métal, qui ſont plus chers que ceux de bois, employés ſeuls à Londres. A l'égard du charbon pour le chauffage des Machines, l'Adminiſtration des Eaux de Paris prouve, comme nous l'avons dit, qu'elle dépenſe au plus vingt-trois ſols quatre deniers en combuſtibles, pour une quantité d'Eau qu'elle vend cinquante francs.

4°, On ne ſait quelle raiſon pourrait donner l'Auteur, pour établir que l'uſage de l'Eau ne s'augmentera pas à Paris, comme il s'eſt étendu à Londres.

5°, Que la Compagnie Anglaiſe *de la nouvelle rivière* a ſix autres Compagnies en concurrence avec elle pour fournir la ville de Londres,

Londres, & que la Compagnie de Paris n'en a aucune ; à moins que M. de Mirabeau ne veuille présenter la belle Fontaine épuratoire du quai de l'Ecole, comme une rivalité dangereuse. Les Eaux qui appartiennent au Gouvernement ne forment point de concurrence avec celle de la Compagnie : la Ville n'en peut point vendre actuellement, & la totalité de ses moyens réunis aux Eaux du Roi, ne forme pas la dixieme partie de ce que la Compagnie peut fournir avec le seul établissement de Chaillot.

6°. Que l'Eau que la Compagnie fournit est au moins égale en bonté à toutes celles qu'on peut se procurer dans la Capitale ; c'est de l'Eau de Seine en un mot, toujours limpide & jugée excellente par la Société Royale de Médedecine ; & l'auteur de la brochure mérite un reproche très-grave, lorsqu'il insinue le contraire pour relever pompeusement les petits établissemens des Fontaines épuratoires, qui ne donnent aucun profit à leur Compagnie, qui ne sont d'aucune utilité publique, & n'ont enfin d'autre avantage que d'éviter au Porteur-d'eau (moyennant de l'argent) le court chemin du quai à la rivière.

Pour décrier notre entreprise, l'auteur parle souvent du canal de l'Yvette, dont le projet a eu beaucoup de célébrité : nous allons le comparer à celui des Machines à feu, avec la tranquile impartialité qui doit accompagner la discussion de tout objet qui intéresse le Public.

Supposons qu'on pourrait construire actuellement le canal de l'Yvette, malgré l'augmentation des matériaux & des journées d'ouvriers, pour la somme de sept millions huit cent vingt six mille deux cent neuf livres, suivant les devis faits il y a quinze ans, par M. Perronet : ou plutôt ne supposons rien. Tout étant augmenté de plus d'un cinquième depuis les Devis faits par M. Perronet ; posons que ce canal, à sa valeur actuelle, coûterait au moins dix millions ; & qu'il conduirait à Paris quatorze cens pouces d'Eau dans les eaux basses : il est bien vrai qu'on estime le produit moyen de ce canal à deux mille pouces ; mais s'il ne doit fournir que quatorze cens pouces dans les eaux basses, & le moment des sécheresses étant celui où l'on consomme le plus d'Eau ; ce que produirait de plus ce canal, dans les autres saisons de l'année, devient à peu près inutile.

Voilà donc dix millions dépensés, qui produisent quatorze cens pouces d'Eau, amenés jusqu'à la rue de la Bourbe, près de l'Observatoire. Quant aux dépenses des conduites & celles que la Compagnie a faites ; ou doit faire pour distribuer l'Eau dans Paris, nous ne les ferons point entrer dans nos calculs, puisqu'elles sont nécessaires à toutes les distributions d'Eau, par quelques moyens qu'elle arrive.

Supposons maintenant qu'une Compagnie entreprenne le grand ouvrage d'amener l'Yvette à Paris, comme l'Anglais Hugh Midleton a entrepris de conduire la rivière Neuve à Londres : son capital de dix millions employés, lui coûtera en intérêts annuels , 500,000 l.

Evaluons les frais d'entretien, de nétoiement, de surveillance, d'un canal de dix-sept mille trois cent cinquante-deux toises de longueur, qu'il doit avoir, suivant les plans dressés par M. Perronet ; est-ce trop estimer ces frais que les porter à 50,000

550,000 l.

Ce n'est pas tout ; les dix millions seront entièrement dé-

De l'autre part . . . . 550,000 l.

pensés avant que la Compagnie soit à portée d'en retirer le moindre produit; & si, comme le veut M. de Mirabeau, il faut trente ans pour établir les distributions dans tout Paris, il convient d'ajouter au capital de ce canal, le montant de ces intérêts; non pour trente ans, parce qu'on suppose un produit graduel, mais pendant quinze ans seulement; ce qui fait sept millions, cinq cent mille francs perdus, dont l'intérêt perpétuel est de 375,000

Il convient d'ajouter encore l'intérêt des sommes employées à la construction du canal, pendant dix ans que peuvent durer ces travaux; mais ces dépenses étant successives, les dix millions ne seront déboursés que graduellement. Donc l'intérêt entier perdu pendant cinq ans, forme un capital de deux millions cinq cens mille livres, dont l'in-

925,000

Ci-contre	925,000
térêt perpétuel est de	125,000
Total de la dépense annuelle pour qnatorze cens pouces d'eau.	1,050,000 l.

Voyons actuellement ce que coûtera la même quantité de pouces d'Eau par les Machines à feu.

Le pouce d'Eau fournit soixante - douze muids par vingt-quatre heures; les quatorze cens pouces donnent cent mille huit cens muids par jour : les deux Machines qui existent à Chaillot, donnent chacune cinquante mille muids dans vingt-une à vingt-deux heures, ce qui fait un peu plus que le canal de l'Yvette : nous regarderons cependant le produit comme égal.

Les deux Machines de Chaillot ont coûté la somme de. . . . 313,123 l. 7 s. 2 d.

Le terrein sur lequel sont construites ces machines est beaucoup plus grand qu'il ne faut : une partie est

De l'autre part	313,123 l. 7 ſ. 2 d.
occupée par les atteliers de MM. Perrier, qui ne ſont utiles à l'établiſſement, qu'à cauſe des travaux dont ils ſont chargés pour les diſtributions de l'Eau. Malgré cela, nous le portons pour la ſomme qu'il a coûté.	239,149 .. 13 .. 5
Le bâtiment des machines, ainſi que les réſervoirs. . : . .	191,845 .. 16 .. 5
La conduite de fonte qui porte l'Eau des machines aux Réſervoirs.	207,854
Total de l'Etabliſſement.	951,972 .. 17
Dont l'intérêt eſt de . .	47,599
Entretien & réparation à un pour cent, comme il a été dit plus haut	9,519 .. 12
	57,118 . 12

Ci-contre.	57,118 l. 12 ſ.
Les mêmes intérêts des fonds avant la jouiſſance complette pendant trente ans, prenant le moyen terme de quinze ans comme deſſus	35,699
L'intérêt des ſommes ci-deſſus employées à la conſtruction, perdu pendant le moyen terme de trois ans, à quarante-ſept mille cinq cent quatre-vingt dix-neuf livres par an, fait cent quarante deux mille ſept cent quatre-vingt dix-ſept l. dont l'intérêt perpétuel comme deſſus .	7,139
Huit hommes pour le ſervice des Machines.	6,400
Conſommation annuelle du charbon	
	106,356 12 ſ.

De l'autre part . .	106,356 l. 12 s.
pour quatorze cens pouces d'Eau . . .	105,120
	211,476 l. 12 s.

On voit, d'après cela, que les quatorze cens pouces d'Eau de l'Yvette, coûteraient annuellement un million cinquante mille li v., & les mêmes quatorze cens pouces d'eau fournis par les Machines à feu, deux cent onze mille cinq cens livres en nombres ronds. C'est quatre cinquièmes de moins. Outre l'économie de ces quatre cinquièmes que présentent les calculs, en faveur des machines à feu, elles ont bien d'autres avantages.

1°. On peut les établir par-tout, les multiplier à son gré, comme nous l'avons dit; par conséquent, on n'est borné sur la quantité d'eau à élever, que par l'étendue des besoins du consommateur. Et comment comparer un moyen qui ne peut jamais fournir que quatorze cens pouces d'Eau, avec celui, qui par les trois établissemens, en donnera de trois à quatre mille pouces. La Compagnie fournirait le volume entier de la Seine, si le Public offrait de le payer.

2°. Il y a de grands inconvéniens à faire partir d'un ſeul point & d'un ſeul niveau, toutes les Eaux qui doivent ſe répandre dans Paris, comme on ſerait obligé de le faire, ſi l'on y amenait les Eaux de l'Yvette ; les conduites alors doivent avoir un plus grand diamétre, & ſont beaucoup plus diſpendieuſes. Si le niveau en eſt trop élevé, il exige une réſiſtance plus grande dans les conduites de fer ou de bois ; ſi au contraire il ne l'eſt pas aſſez, il laiſſe des quartiers ſans Eau.

Les Machines à feu pouvant s'établir partout, comme on l'a dit, chacune élève l'Eau à la hauteur néceſſaire pour fournir les quartiers qu'elle doit approviſionner ; & chacune a ſes conduites proportionnées, par leur diamètre, à la quantité d'Eau qu'elles doivent fournir, & par leur épaiſſeur, à l'effort qu'elles ont à ſoutenir.

3°. L'établiſſement des Machines à feu employant pour ſon exécution un capital aſſez modique, offre peu de riſques aux Actionnaires ; les autres dépenſes qui ſont annuelles, ſont toujours, à très-peu de choſe près, dans la proportion des recettes : la Machine de Chaillot a marché la première année, ſix heures tous les quinze jours ; la deuxième année, douze heures ſeulement par ſemaine, &c. Enfin les deux marcheront plus ſouvent & plus longtemps, à meſure que le débit de l'Eau augmentera ; & la dépenſe du combuſtible ſuivra toujours cette progreſſion. Le ſeul danger que la Compagnie aurait couru, ſi elle eut été obligée d'abandonner l'entrepriſe, était donc une perte de cinq à ſix cens mille livres : car les terreins, les tuyaux, les matériaux, ont toujours une valeur ; & ſans l'apperçu d'un ſuccès certain dès la première année de la diſtribution de l'Eau, la Compagnie n'aurait point placé le nombre des conduites qui exiſtent à préſent. En expoſant cette légère ſomme de cinq à ſix cens mille livres, elle a donc tenté une entrepriſe qui lui rapportera plus de trois millions de revenu.

Une Comgagnie qui entreprendrait d'amener l'Yvette à Paris, s'expoſerait bien davantage : elle aurait à payer pendant beaucoup d'années des travaux conſidérables, & après une attente bien longue, un capital immenſe dépenſé, elle pourrait trouver de la répugnance dans le Public, pour les Eaux de cette petite rivière, qui ſont véritablement, & d'après les rapports des Chimiſtes, publiés par M. de Parcieux lui-même, moins bonnes que les Eaux de la Seine, & chargées d'une vaſe très-fine, tirée du propre fond du terrein, dont il eſt impoſſible de les dégager entièrement par la filtration : alors tous les fonds feraient perdus.

4°. Les réparations d'une Machine à feu ſont peu de choſe, ſi elle eſt ſoignée, comme cela ne manque jamais d'arriver à toute machine qui remplit un ſervice journalier : la précaution peu diſpendieuſe d'avoir une machine de relais, pour parer à tous accidens, aſſure pour toujours un ſervice exact & ſans interruption. Peut-on raiſonnablement eſpérer la même ſûreté d'un aqueduc de dix-ſept mille toiſes ? Si les réparations ſont moins fréquentes, lorſqu'elles deviennent néceſſaires, elles peuvent ſuſpendre pendant pluſieurs mois le ſervice : & qu'on imagine ce que deviendrait Paris, ſi, privé tout-à-coup de quatorze cens pouces d'Eau, il fallait créér tous les Porteurs-d'eau néceſſaires, pour aller chercher à la rivière toute l'Eau que le Public conſomme ? les gelées ne peuvent-elles pas, ſinon arrêter totalement le cours de l'aqueduc, au moins en diminuer conſidérablement le produit ?

Entre ces établissemens aussi nationaux l'un que l'autre, mise de fonds, capitaux, intérêts risques, travaux, produits, entretiens, renouvellemens, qualité d'Eau, tout est à l'avantage des Machines à feu; mais n'est-ce pas une dérision, que l'Auteur nommerait *Jonglerie*, de porter l'apparence des frayeurs, comme le fait M. de Mirabeau, jusqu'à paraître redouter que la consommation de nos Machines ne fasse augmenter le prix courant des charbons, dans la France, qui en est une grande minière!

O divine éloquence! est-ce là ton emploi?

Et conçoit-on que, pour prouver uniquement que des Actions sont chères, on ait employé tant de verve à dénigrer la Compagnie qui les posséde; à garantir de ses prétendus piéges, les diverses Administrations qui pourraient traiter avec elle; à préférer un canal de sept lieues & de dix millions, qui n'existe pas, à des réservoirs toujours pleins dans Paris, qui n'ont pas coûté le cinquième; enfin qu'on ait été jusqu'à gourmander le Gouvernement d'en avoir permis l'entreprise!

O divine éloquence! est-ce là ton emploi?

Nous avouons aussi que, malgré nos efforts, nous n'avons pas saisi (p. 41.) comment un *faible dividende* est une *jonglerie manifeste* ; ni quel rapport existe entre des associés réglant leur sort commun, *& le Propriétaire d'une maison non bâtie, qui demanderait des loyers à son Architecte.*

Ce qui étonne notre esprit dans cette comparaison subtile ; c'est l'analogie que l'on trouve entre ce que la Compagnie fait avec elle & sur elle-même, & les intérêts différens d'un Propriétaire & de son Architecte. La Compagnie nous paraissant être à la Compagnie, ce que nul homme n'est à son Architecte, identiquement, collectivement le même Etre, & n'ayant qu'un même intérêt ; nous croyons bonnement qu'elle a pu, d'elle à elle, sans *jonglerie*, ni tromperie, changer l'intérêt de cinq pour cent qu'elle s'attribuait dans l'avenir sur ses dépenses consommées, en un dividende réel, moindre, il est vrai, que l'intérêt ; mais analogue à ses profits naissans.

Elle a tellement pu, selon nous, former ce dividende, que, si ne voulant pas alors étendre ses travaux, augmenter ses dépenses, elle se fut contentée du produit qu'elle en retirait ; elle avait réellement un & demi pour cent de ses fonds, de toute l'Eau qu'elle distribuait ;

c'eſt ce qu'elle a nommé & pu nommer un dividende : en quel ſens eſt-ce une *jonglerie* ? L'entente ici reſte au diſeur, *qui mirabilia dixit.*

Il nous reſte un dernier reproche à faire à l'Auteur de l'Ecrit ; mais c'eſt le plus grave de tous ; celui qui montrera le mieux quel eſprit a conduit ſa plume, & combien on doit ſe défier de ce qu'il affirme le plus. En effet, croirait-on qu'ayant ſous les yeux nos actes & l'Arrêt du Conſeil, il ait jugé néceſſaire au couronnement de ſon attaque, de faire une injure gratuite au Gouvernement, qui la dédaigne, & à MM. Perrier, qui s'en affligent ; à ces deux Citoyens utiles, auſſi dignes d'éloges par leurs talens, que par leur modeſtie ! en fulminant contre le *monopole exercé par eux ſur les élémens* ; contre leur *privilège excluſif de vendre de l'Eau à Paris.*

Quand on le voit (pag. 38) avec l'air indigné d'une ſi grande oppreſſion, ſonner le tocſin contre la Compagnie, & prononcer ces mots terribles ; *Prolongera-t-on un* PRIVILEGE EXCLUSIF *qui ravirait au peuple le bénéfice de* LA CONCURRENCE *? .... Qu'on ne s'y trompe pas, il s'agit ici de l'Eau, de cet aliment qui, avec l'air, eſt preſque le ſeul bienfait que la nature* *ait voulu soustraire à la tyrannie....* LE PRIVILEGE *de la Compagnie des Eaux est proscrit par la nature même de son objet. Il n'est point de Gouvernement sur la terre, qui puisse continuer long-tems le* PRIVILEGE EXCLUSIF DE VENDRE DE L'EAU.

Quand on le voit tonner ainsi, s'attendrait-on à la réponse? Elle sera comme toutes les autres, sans prétention, sans fard, aussi simple que vraie; nous le disons donc *nettement puisqu'il le faut*, & c'est ici le cas d'employer cette expression de l'Auteur (pag. 6) *qui*, dit-il, *a remonté plus haut qu'on ne pense;* mais à qui personne n'avait imposé la loi de nous attaquer, comme il nous a imposé celle de nous défendre: NOUS N'AVONS POINT LE PRIVILEGE EXCLUSIF DE VENDRE DE L'EAU A PARIS. Le Gouvernement ne l'aurait pas accordé, & MM. PERRIER NE L'ONT JAMAIS SOLLICITÉ; ils ont demandé & obtenu le Privilége exclusif *d'établir des Machines à feu, pour donner de l'Eau dans Paris;* & il est expressément dit dans l'Arrêt du Conseil, *sans préjudice à l'exécution du projet donné par le feu sieur de Parcieux, d'amener l'Yvette à Paris, ni à celles des autres projets, machines ou établissemens, autres que lesdites Pompes à feu, qui pourraient être propres à fournir de l'Eau à Paris.*

Et M. de Mirabeau sait très-bien que les Fontaines épuratoires, dont il vante si fort l'excellence & l'utilité, sont établies très-postérieurement au Privilége de MM. Perrier, & que la Compagnie des Eaux, qui savait bien n'en avoir pas le droit, n'a fait aucune opposition à l'établissement de ces Fontaines.

Enfin, il sait très-bien, que si les gens du monde, qui voudraient tous leurs revenus en jouissances personnelles, ne trouvent pas dans l'entreprise des Eaux, un placement de fonds assez promptement lucratif; il n'en est pas moins vrai que l'honnête père de famille qui veut enrichir sa postérité, par une privation de peu d'années, a trouvé dans cette entreprise un emploi d'argent très-solide, & qui ne peut manquer d'assurer un revenu magnifique à ses enfans. Et voilà pourquoi les Joueurs à la baisse, pour qui le noble Auteur a la bonté d'écrire, trouvent si peu d'Actions pour remplir leurs engagemens; quoique tous ceux qui les possedent, les aient acquises à très-haut prix.

Résumons-nous en peu de mots.

Nous

Nous croyons avoir bien prouvé que des motifs peu généreux, ont fait décrier par l'Auteur, un établissement très-utile.

Que l'augmentation des dépenses, après les Devis primitifs, n'ont été l'effet d'aucune erreur; mais le fruit des plus mûres délibérations.

Que la Compagnie n'a pas encore dépensé quatre millions cinq cens mille livres, en 1785.

Que MM. Perrier ont rempli loyalement leurs engagemens envers elle.

Que cette Compagnie a le droit de changer ses loix à son gré, dans ce qui ne touche pas à l'intérêt public.

Que l'Auteur est souvent contradictoire avec lui-même, & qu'il perd quelquefois de vue ce qu'il regarde comme son premier objet.

Que l'affaire est beaucoup plus avancée que ce Critique ne l'avoue.

Que ses calculs sont erronés, sur la valeur des abonnemens, la quantité des combustibles, & le vrai produit des machines.

Qu'il existe plusieurs exemples d'entreprises moins nationales, qui militent pour nos succès.

Que l'Administration des Invalides gagne beaucoup, en préférant l'Eau de la Seine à toutes les Eaux de ses puits.

Qu'il est malignement absurde d'imputer à l'Eau de nos Pompes, aucun mélange avec le grand égout.

Que, sans y être aucunement contrainte, la Ville aurait un grand avantage à charger la Compagnie des Eaux de remplir ses engagemens.

Que *l'apperçu* ruineux d'un seul muid d'Eau pour chaque maison, est, d'après des relevés exacts, de près des trois-quarts au-dessous de la réalité.

Qu'à trois muids & demi par maison, taux actuel de nos fournitures, sans les augmentations prévues, la Compagnie aura un jour plus de trois millions de revenu.

Que pour acquérir cette recette annuelle; elle n'aura pas dépensé six millions.

Qu'alors un dividende de six cens quatre-vingt quinze livres à chacune des quatre mille quatre cens quarante-quatre Actions, portera leur capital à treize mille neuf cens huit livres.

Que le progrès des abonnemens a un accroissement sensible, que rien ne peut plus arrêter.

Que notre seul *charlatanisme* est l'abondance, & le bas prix de l'Eau.

Que la comparaison des établissemens Anglais, est toute entière en notre faveur.

Que celle du canal de l'Yvette avec nos Machines à feu, nous laisse un avantage de quatre cinquièmes en profit, sans la supériorité de notre eau & son abondance intarissable.

Qu'il n'est pas vrai que nous fassions *un monopole exclusif de la vente de l'Eau dans Paris*.

Enfin que l'Auteur mal instruit, n'a été exact, ni vrai, dans aucun point qu'il ait traité.

D'après cette réponse, on espère que si quelqu'un doit aller *aux écoles d'arithmétique* indiquées par l'Auteur (pag. 40) étudier les leçons qu'il veut donner aux autres, & même au Gouvernement, ce ne sera pas la Compagnie que le Public y renverra; mais bien les Joueurs à la baisse sur les Actions des Eaux, qui s'étant abusés dans leurs spéculations, ont ensuite abusé l'Auteur de la brochure, & finiraient par abuser les pères de famille qu'ils chérissent, le Public auquel ils s'adressent, & les possesseurs des Actions, qu'ils dépouilleraient à vil prix, si on ne les arrêtait pas. Nous n'ajouterons qu'un seul mot.

Plus on recherche le but de cet étrange

ouvrage, & moins on peut le concevoir. L'Auteur ſait que, depuis ſept ans, des Citoyens bien courageux, jaloux de voir la ville de Londres jouir d'un avantage qui manquait à la Capitale de la France, ont conſacré des fonds immenſes à le lui procurer, & ne ſont parvenus à leurs premiers ſuccès qu'avec des travaux inouis, à travers des obſtacles de tout genre, accablans, preſque inſurmontables.

A-t-il voulu flétrir leur cœur; les détourner de porter à ſa fin le ſeul établiſſement national qu'on connaiſſe dans cette ville; leur enlever l'auguſte protection dont Sa Majeſté daigne honorer leur entrepriſe; en la diſcréditant aux yeux des Actionnaires, & des Conſommateurs; en inquiétant le Public ſur la qualité de l'Eau qu'il doit boire; en armant tout le monde contre eux?

Quand il poſe par-tout des baſes auſſi fauſſes que ſes réſultats ſont vicieux, eſt-il entraîné réellement par le deſir de procurer à ſes amis, des Actions que ceux-ci ſont forcés de livrer ſous un terme, à bas prix? ou bien s'eſt-il flatté de porter un coup mortel à l'entrepriſe des Machines à feu, pour en favoriſer quelqu'autre? A-t-il trompé, s'eſt-il trompé, l'a-t-on trompé ? Eſt-ce projet, erreur, ou ſuggeſtion ? Nous croyons lui rendre juſtice en adoptant le dernier ſoupçon.

Mais, quelqu'ait été ſon motif, on doit profondément gémir de voir un homme d'un auſſi grand talent, ſoumettre ſa plume énergique à des intérêts de parti, qui ne ſont pas même les ſiens. Indifférens au choix de leurs ſujets, c'eſt aux Avocats décriés à tout plaider en déſeſpoir de cauſe : l'homme éloquent a trop à perdre en ceſſant de ſe reſpecter ; & cet Écrivain l'eſt beaucoup.

Notre eſtime pour ſa perſonne a ſouvent retenu l'indignation qui nous gagnait en écrivant. Mais ſi, malgré la modération que nous nous étions impoſée, il nous eſt échappé quelqu'expreſſion qu'il déſapprouve, nous le prions de nous la pardonner. La célérité d'une Réponſe qu'exigeait ſon mordant Écrit, ne nous a pas permis d'être moins longs, ni plus chatiés. Auſſi, de notre part, n'eſt-ce pas aſſaut d'éloquence ; mais diſcuſſion profonde & néceſſaire de la bonté d'un Établiſſement, qu'il a voulu rendre douteuſe. Nous avons combattu ſes idées, ſans ceſſer d'admirer ſon ſtyle.

Heureux si la langueur du nôtre ne prive pas la vérité, de l'attrait que la beauté du sien avait sçu prêter à l'erreur !

FIN.

RAPPORT DES COMMISSAIRES DE LA SOCIÉTÉ ROYALE DE MÉDECINE,

Sur la qualité de l'Eau élevée & fournie par les Machines à feu de Chaillot.

MESSIEURS Perrier ayant prié la Société de constater la nature de l'Eau qu'ils font distribuer à Paris, & qui est fournie par leur Pompe à feu, les Commissaires, que cettre Compagnie a chargés de cet objet, se sont transportés à Chaillot pour examiner avec soin toutes les circonstancces qui peuvent influer sur la salubrité des Eaux. Après avoir vu avec le plus grand intérêt la belle construction de la Machine, à l'aide de laquelle l'Eau est élevée, ils ont porté toute leur attention sur le Bassin où l'Eau est puisée par la Pompe, sur le méchanisme qui l'élève, sur les canaux qu'elle parcourt, sur les Réservoirs où elle est versée, & d'où elle s'écoule pour se répandre dans Paris. Outre les procedés ingénieux qui ont été employés pour ces différens objets, & sur le mérite desquels il n'est pas du ressort de la Société d'insister, les Commissaires ont reconnu que dans ces diverses circonstances l'Eau de la Seine ne pouvait contracter aucune qualité nuisible, ni même désagréable; que les tuyaux de fonte, ni les pierres employées pour toutes ces manœuvres, ne pouvaient rien lui communiquer, & que le mouvement & l'agitation dont elle jouit depuis son élévation dans la Pompe jusqu'au lieu d'où elle se répand dans Paris, sont plus capables d'en améliorer la qualité que de l'altérer en aucune manière. Ils ont sur-tout été frappés de la position respective des quatre Réservoirs, à l'aide de laquelle on peut les vuider les uns dans les autres, les netroyer aussi fréquemment qu'on le desire & contribuer ainsi à la pureté de l'Eau.

Après ce premier examen, ils ont fait puiser de l'Eau dans la Seine, dans le premier Bassin où l'Eau est prise, & dans les Réservoirs d'où elle coule à Paris: on a examiné comparativement ces trois Eaux par les différens procédés chymiques connus, & on leur a trouvé toutes les bonnes qualités de cellle de la Seine, dont on connaît généralement la salubrité. Les réactifs ont démontré dans toutes les trois, la petite quantité de sélénite & de terre calcaire qui y sont toujours contenues; elles ont également bien diſſout le ſavon, & cuit les légumes : la noix de galle & les liqueurs Pruſſiennes n'y ont point indiqué un atôme de fer : & leur ſaveur n'avait rien de l'impreſſion que laiſſe ce métal, en quelque petite quantité qu'il ſoit. L'évaporation a confirmé l'analyſe par les réactifs ; la diſtillation à l'appareil pneumatochymique a fait connaître que l'Eau des Réſervoirs contenait un peu plus d'air que celle de la Seine puiſée vis-à-vis de la Pompe.

Les mêmes expériences ont été faites ſur l'Eau priſe dans un des canaux de diſtribution de Paris, les plus éloignés de la Pompe, & elles ont préſenté abſolument les mêmes réſultats.

La Société croit donc devoir annoncer au Public, que l'Eau fournie par la Machine à feu de MM. Perrier eſt très-pure & très-ſalubre ; que même, dans quelques circonſtances, ſes qualités ſenſibles, telles que ſa ſaveur, ſa limpidité, doivent l'emporter ſur celle de la Seine, en raiſon du mouvement qui l'agite & des Réſervoirs dans leſquels elle reſte expoſée au contact de l'air quelque tems avant ſa diſtribution ; que les reproches qu'on lui a faits ſur ſa ſaveur ferrugineuſe, ſon goût de feu, &c. ne ſont nullement fondés, & que les avantages qu'elle procure méritent à MM. Perrier la reconnaissance de tous les Citoyens.

Conforme à l'Original contenu dans les Registres de la Compagnie. Au Louvre, le 31 Août 1784. Signé VICQ-D'AZYR, Secrétaire perpétuel.

Fautes à corriger.

PAGE 21, *ligne* 5, *au lieu de* renouveller d'attention, *lisez*, redoubler d'attention.

Page 49, *ligne* 5, *au lieu de* n'ont été l'effet, *lisez*, n'a été l'effet.

www.ingramcontent.com/pod-product-compliance
Ingram Content Group UK Ltd.
Pitfield, Milton Keynes, MK11 3LW, UK
UKHW020425180726
13839UKWH00003B/1394